醫美人生 面面俱緣

劉宏德醫生

著

謹以此書，

獻給已從「人生書院」畢業的中學同級同學

鄺杜江、李中柱、梁綺眉；

醫學院同班同學

姚小彬、侯瑞琴、朱顯宗、曾秀琪、關志敏、李維英；

及在 HA 時教導我良多的前輩楊孝祥醫生。

他們以寶貴的生命，時刻提醒著，生命的寶貴。

人人為我

我為人人

CONTENTS

目錄

自序

醫學的磨練是難能可貴的，既是苦亦是樂，經歷 14 年 HA 生涯後進入私人醫療市場，機緣巧合之下，改為從事醫學美容，轉眼又 18 年！

一切是緣，個中的種種際遇及心路歷程，實在微不足道。但生活上的輕鬆，對比一些舊友仍在 HA 前線努力為民服務，我自覺有著像逃避兵役的感覺，深感慚愧。

本書的內容大部分是關於醫學美容的原理及演變，小部分是關於個人對生活的體會。香港市面上，醫學及美學的專業書籍真的不多，希望這本書可帶來一縷清風。

本書部分文章是醫美生涯中曾在報章雜誌刊出過，部分則是昔日「敢露不敢言」之物事。而有時醫生以事論事的角度，會是奇怪的角度，敬希讀者們垂注。但願人長久在香港暖暖夕陽底下，抒發己見己聞，不分黃藍，沒有黃綠，善哉善哉。

劉宏德 2023 年秋

髮治的常見謬誤

致我們曾經蔭顧的青春秀髮。

髮治從來不容易，相信大家常常能從日常生活中體會到。

要知道每個人頭髮的命運相差可以很大，若先天不足、後天失調，不但不會有好的髮，有時候更出現油膩、開叉易斷、變色褪色，甚至會嚴重脫髮、禿頭。到時才懷念曾經蔭顧的秀髮，可能已太遲了。

「面對問題，是解決問題的第一步。」

所以，明確診斷非常重要。性別、遺傳因素、情緒因素，脫髮部位、具體出現時間、細節，加重及緩解因素等等，都應詳細瞭解。之後，再細心檢查髮質、髮根、頭皮等等，看看有否特殊的改變。

常見的典型雄激素源性禿髮，及典型的自體免疫性圓禿，只要問清病歷及作一些簡單的物理檢查，都不難明確診斷，通常不用作活檢或其他檢驗。至於其他不典型的脫髮病例，原因眾多複雜，只好作排除性診斷，甚至乎海量的檢查檢驗；但常常到最後，禿髮自我痊癒了，醫生和病人都還不確定病因何在呢。

當未能明確診斷時，切記保持心平氣和，就算焦急亦於事無補的。可採用一些有客觀成效的頭髮營養物品來激活自我生髮系統；但不要使用過度刺激或油膩的美髮用品，亦不應胡亂使用極端的治療方法，否則小事化大，一旦形成疤痕性禿髮，便欲救無從，最終可能不得不考慮植髮了。

講到植髮，我有位冇乜頭髮的醫生朋友，幫人做植髮手術做得唔錯；另外一位頭髮濃密的朋友，亦有幫人做植髮，得把口，手術水準麻麻。所以今時今日，要小心別人恃髮亂講呀。

其實，有些禿髮是絕症，通常是家族甚至是貴族遺傳，無法治療，亦不是有錢就能解決的。

君不見英國以前皇夫及現任皇帝全都禿頂嗎？如不幸得了皇家待遇，又想補救，只好做植髮了。常用的方法是在頭皮的後枕部取下一片髮皮，傷口以縫線縫合。取出來的髮皮在顯微鏡幫助下分成一根根髮秧，然後以插秧方式植入禿髮區，再加以包紮。日後覆診拆線、清潔、護理即可。近來的新發展是把所取出的毛囊組織加以處理，再以微創方式注射入受區皮膚內，以刺激生髮。

若不幸是全禿頭，由於無髮可依，只好採用人造髮或其他方法治療了。

PS. 某些髮治的胡搞，可能會先亂三年⋯⋯再亂三年。

黃金比例 1.618 之謎

相信大家都有聽過「黃金比例」。在建築、數學、美學方面經常都會遇見。

這其實是一個數字的比例關係,即將一條線以分割點分成兩部分,較長的一段與較短的一段之比等於全長與較長的一段之比,大約是 1.618:1。按此種比例關係組成的任何事物都能表現出和諧美,故名黃金比例。而該分割點稱為黃金分割點。黃金比例另一奇妙之處,在於其比例與其倒數是極玄的!

1.618 的倒數正好是 0.618,

即 1÷1.618 = 0.618(ie. 約六四比)

A ＿＿＿＿＿＿＿＿＿:＿＿＿＿＿ B

以目前的文獻探討,可以說黃金比例的發現和演進,仍然是一個謎。但有研究指出公元前 600 年古希臘的學者已經觸及黃金比例的一些規則。而公元前 300 年歐幾里得撰寫《幾何原本》時曾系統論述了黃金比例,成為最早的相關論著。

黃金比例具有嚴格的藝術性，蘊藏著豐富的美學價值，而且呈現於不少事物的外觀上。現今很多工業產品、電子產品、建築物或藝術品均普遍應用到。

　　而在醫美生活中亦常見到黃金比例啊！例如：
最完美的人體：
肚臍到腳底的距離 ÷ 頭頂到腳底的距離 =0.618
最標準的臉龐：
眉毛到下巴的距離 ÷ 頭頂到下巴的距離 =0.618

　　此外，大多數門窗、報紙的寬長之比也是 0.618。而攝影時六四臉最好看……難怪有人甚至稱呼黃金比例為神聖比例。

　　由於我之前投資港股 1618（中國中冶）失利，雖經「7 年之養」，仍虧損約 64%！為了哀悼，更為免提及令人傷心的很金的 1618，我心裏早已改稱黃金比例為六四法則了。

　　現代美學有很多法則，黃金比例可能是最好的一種。不過，

每個人品味不同，完全遵守最好，但不必過嚴；至於是否「戒嚴」，要看情況。

　　總之，就是理想主義與現實主義之爭吧。

美麗有序的第一步：
先做七凹浮圖

今時今日，輪廓遠比膚質重要，因為化妝品的掩蓋功能太厲害。未婚男人心底幾乎都有一個小小的共同願望，就是希望未來的太太在落妝之後還是能夠用肉眼辨認出來的！

言歸正傳，用醫學方法改善面部輪廓，首要醫生要有明確診斷治療的能力，及施受雙方要有良好的溝通，才能決定怎樣處理問題。

其實，每個人面部都有不同程度的凹位，但並不是人人都有相同程度的改革意慾。這正是民主社會的真諦，亦是醫美界的金科玉律，

就是：你情我願。

「七凹」常常是因脂肪、膠原流失及鬆弛造成，若適當填充、收緊，便能改善凹位，效果常有驚喜。最好是採用一些能自生膠原的材料，例如新型 PLLA，因每瓶份量達 9ml，能做出更好的飽滿效果，而且時效能維持 2 年。性價比實在高，但對操作技術的要求也很高。

常見的7個面部凹位（七凹）是：

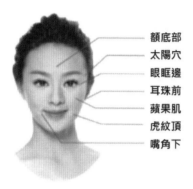

額底部
太陽穴
眼眶邊
耳珠前
蘋果肌
虎紋頂
嘴角下

除了凹面和凸位外，輪廓是全由直線和曲線組成的。直線上符合黃金比例 1.618，曲線上凹凸有序，基本上就是美人了。常用的面部美學口訣，是正面看要三庭五眼，側面看要有四凸三凹，是非常簡潔實用的美學指標。但大前提是要有適當的評估、適合的材料、適宜的技術。

有人笑說現代人愛靚唔愛命，醫美醫生幫人致美，可比救人一命。

但切記：美麗是有序的，要先造七凹浮圖啊。

除皺的覺悟

　　首先要知道皺紋形成的原因，其實和皮鞋穿久了形成的摺紋，沒有多大分別。都是因為長期的作用力加於皮膚上，而皮膚隨著歲月變弱變差，受力位的膠原就會漸漸老化折斷，先形成動態皺紋，之後惡化成靜態紋。記住，人衰老，多了皺紋，並不是因為表情肌大力了，而是因為皮膚差了。千萬不要表錯情。

　　傳統醫學美容，用肉毒菌素減弱表情肌的力量來減少皺紋，如技術正確，效果良好。但點解長期來説，有時越除越皺？只因為肉毒菌素其實是治標不治本。

　　最理想的除皺，是要令皮膚質素從根本改善，常用的方法是用能量儀器、注射 PLLA、PDO 埋線，以刺激膠原生長，令皮膚更厚更強，增加抗皺力。有時，除皺好比打職業網球，當單打成績不理想，就要認真考慮改打雙打。

　　以樓市作例子，就更容易明白。多年來全球水浸，中國更水浸。香港出名地小人多，想真正徹底解決樓市熾熱問題，避免產業空洞化，就先要暫控購買力，更一定要改變思維，要視住屋為必需品，從政策上杜絕炒賣。舉例，會有任何一個沙漠城市容許人們炒賣食水嗎？不可能。

若沉醉於樓市，必最終沉淪於樓市，這是很淺顯的道理啊。

前台北市長柯文哲這樣形容台灣社會：「什麼是對的？什麼是錯的？大家都知道。可是對的事情不能做，錯的事情每天在做，而且明明知道是錯的還不能改。」

我希望在香港，特別是在醫美界，不要這樣。

眼底風光留不住

《蝶戀花 · 眼底風光留不住》

清 · 納蘭性德

眼底風光留不住，和暖和香，又上雕鞍去。

欲倩煙絲遮別路，垂楊那是相思樹。

惆悵玉顏成間阻，何事東風，不作繁華主。

斷帶依然留乞句，斑騅一系無尋處。

此詞初看沒什麼，越看越有火，充滿愛火。道盡郎情妾意，但無奈世事無情，眼前的美好風光，終有一天，陰陽相隔，痛苦惆悵，縱有東風都留不住這繁華美夢。

納蘭性德（1655-1685），清朝一代才子，真的是驚清 400 年。更厲害的是，此憂鬱小生先知比我們早 400 年就清楚知道「眼底風光留不住」！

我想，他不會明白現代有些事情是 50 年不變的。

其實，人的眼底區是十分重要但亦是最容易流失青春的部位，一旦老化，即使是超級美女亦會大跌 watt。醫學上，面部的眼底區皮膚很薄，只有約 0.5mm 厚。經多年的眨眼，日曬，特

別是經常除戴隱形眼鏡，過度使用電腦或智能電話、不當的化妝品等等，令眼底皮膚膠原、質酸流失，變得鬆弛、粗糙、暗啞、凹陷，導致黑眼圈、眼袋、皺紋等等一系列問題。而一旦眼底皮膚及軟組織老化，就很難再完全回復正常了。

亦由於眼底區的顏值太重要，這誘發大量全球性的商業投資或投機，向愛美人士提供大量的相關治療產品及方案，但其中多乏善足陳。

先在眼部附近須特別小心

簡單總結一下：

1. 無創治療方面，常見的有：眼霜、精華、導入、射頻、激光、HIFU 等等。品種繁多，療效參差。

2. 微創治療方面，有注射 PLLA 來增生膠原及注射小分子透明質酸等，能較好地補償老化皮膚所失去的物質，是一種補充療法。近年亦有以 PDO 等材料製的特別合成線，如放入眼袋區，讓其慢慢降解，可以促進膠原合成、改善血液循環，從而使眼底區皮膚年青化。

3. 手術治療方面，有抽脂，眼袋脂肪重組或移植，+/- 切除鬆弛皮膚再縫合。術後必有些痛楚及瘀青，恢復期長，亦有一定的手術風險及不滿意率。

由於眼底區血管豐富，作微創治療時，建議選用小口徑導管或納米導管來注入 PLLA、PDO 溶液或合成線。可大幅減少痛楚及瘀青風險，並提高治療的滿意率。

如果大家看過此眼底文章後，仍有超現實的期望，就只好再以另一首詞與諸君互勉：

《卜算子·不是愛風塵》

宋·嚴蕊

不是愛風塵，似被前緣誤。

花落花開自有時，總賴東君主。

去也終須去，住又如何住？

若得山花插滿頭，莫問奴歸處！

醫林外史 —— 由骨頭到醫美

LWT 醫生，花名盧旺達，自幼至今都在貧窮線上浮沉，心安理得，身有 650 塊肉但無甚物質慾，1992 年出道。

該年初秋，某名人被斬傷，在 QE 骨科出名熱的蒸籠病房留醫（現在中日、中美時不時冷戰，我們以前就好好多，聖誕之前只有熱戰，絕不會有冷戰）。見識了此大陣仗，覺得做骨科醫生都幾型，之後便寄生於骨。普世而言，骨科特別有趣，在香港尤其如是，因為香港骨科包括埋手外科。常笑説香港最粗魯的醫生很可能是在骨科，最幼細的醫生更有可能也在骨科。

骨科醫生的另一特點是很能接受唔同意見，ie. 即擅長固執己見，並自圓其説。簡單如前臂骨折，未計跌打，都各家各法，可能用石膏、玻璃纖維、夾板、膠托、鋼針、鋼板、鎖定鋼板、螺絲、髓內釘、外固定支架等等，另加補唔補自己骨、定用庫骨 or 人工骨等等等。

講足 30 分鐘，還未開始説如要開刀，是用前、後、內側、外側、前外側還是後外側進路；內固定板是用 AO、DCP、匙狀鋼板還是鈦板……；內固定板是放在腹側、背側……；應否加外

固定器、K-wire……So，
骨醫都幾適合做高官，
在港澳都曾有例子，如
周骨、高骨、陳骨等。

話說回來，當事人
刻骨之後，自然是銘心
了。先悟交鄰埠 E 界女
友，後進化為夫妻雙城
記。這些關係無疑是甜蜜的，卻也使得生命不再輕盈。為求兩人
能每月一見（回想起來是比牛郎織女幸福得多），常要在周末狂
奔去，周一早早回，才能趕及 7:30am 前巡房，再入手術室！

正所謂：懸壺濟世冇咁易，作為刀客更淒涼。苦苦支撐 13 年，
參加了我該參加的所有競爭並且完成了大部分，卻沒有覺得幸福
快樂。反而越來越茫然，差不多是奄奄一息，越來越感覺到前台
北市長柯文哲醫生所說的「回家的路太遠」。終於在 2006 年，
賢仔一役，大徹大悟，決定遁世。

初想入空門，終生帶髮修行，又怕要幫襯哈佛、史雲遜，只好移民歸隊至鄰埠，打算自 40 歲起就安享晚年。然而好景不常，發覺當時鄰埠雖然行業單一，其實人事法理官僚十分複雜，正是低氣壓令人高血壓。

　　剛好老友彭在香港正逢 E 美業興起，由卓乙跳槽到 Re 幫，要搵 fd 墊住舊東家，便嘗試兼職卓乙，港 X 兩邊走。其後偶爾跳槽，偶然創新，轉眼又十幾年。骨科轉兼皮膚美學，漸蛻變成皮包骨醫生了。

　　造物弄人，「事已到此永難改，莫非世事常意外？空餘感慨，盼能有日，我嘅愛心有人替代。」

　　然而由揸刀變為揸針、揸激光槍，感覺太輕鬆，莫非有些武術天分？而轉型以來，有趣地發覺往日用過的骨外科材料，有些亦變身兼發揚光大，例如：改善肌肉強直的肉毒菌素現主要用在醫美，人工骨粉變為微晶瓷，Vicryl 改良為 PLLA，PDS 被稱為PDO，等等。

　　其中最標誌性的產品，應該是肉毒桿菌素吧。它於 1989 年獲得美國 FDA 批准在醫美使用，之後用量便呈爆炸性增長。主要功能是可逆地阻斷位於肌肉組織內的神經肌肉接頭。常被用於醫美，例如瘦面、瘦小腿、去皺、止汗等；其實在神經內科、眼科、整形、復康、痛症等方面也有重要作用。

而下次又會是哪一種醫學材料華麗轉身？雖未見提及，但我想，最有潛質的可能是修補軟組織用的半月板箭或其他入骨anchor吧；如改良用來作面部豐盈收緊提拉，有機會是神來之筆呢，靜觀其變吧。

詠春的極致：
竊人手腳不竊身

醫美的化境：
醫人口面更醫心

PS. 同志仍須努力

二十年醫美慣現象

2023 年是醫美發展歷史中的春秋戰國時代，競爭很大，特別是上游產業，例如各種肉毒菌素、透明質酸及提拉埋線等等。

吾職業生涯偶遇過很多不同國家的藥廠及公司，各具風格，其中意大利某藥廠 Mexxxxxx，它給我的印象最深。它的產品有生物科技藥妝及提拉埋線等，決志為人生帶來 Happy Lift，而代言人又很養眼樂瞳，更添快意風情。

猶記得和該公司經理們半島早餐，送我的見面禮居然是意大利十五世紀著名畫家 Antonello da Messina 的紀念畫冊，由該公司的藝術保育基金印製，印刷很精美，估計重達 6.4 磅，結果為了帶走它，我的五十肩付出了沉重代價。

另一個現狀，是近年世界各地的大型醫美研討會都有一個明顯趨勢，就是會議內容通常四分之一是解剖學的討論，四分之一是美學的研究，四分之一是埋線的探討。這現象清楚說明了醫美市場的所祈及所懼，就是大家都從心底裏希望各種治療項目更安全有效，也渴望更符合現代美學。同時，亦可看出埋線提升在醫美界越來越受重視。

其實，面部微創埋線（又稱線雕）提升除皺，已有多年歷史。所用的材料也從最開始的金屬線發展到近十年來的可吸收線，能保障效果的同時，創傷小、恢復快、安全度高，當下在全球醫美界愈來愈流行。

目前的可吸收埋線，按材料成分可分為幾種，最早面世及最常見的是 PDO 線，即對二氧環己酮的聚合線，主要有填充、提拉及改善膚質的作用，通常線體在經過大半年左右會逐漸吸收。其他已問世的埋線包括 PCL 聚己內酯及 PLLA 聚左乳酸等等，都是有悠久歷史及高安全紀錄的醫用手術線材。而線體設計則日新月異，由最初的平滑線，發展到玫瑰線、倒鉤線、內鉤線、多束線等等，各擅勝場。

近年，香港醫學界又引入了一系列結合 PLLA 及 PCL（簡稱 PLLA-co-PCL）的雙向聚斂倒鉤提拉線，很具創意。線體可於療程約 12 至 15 個月間完全生物降解，並由人體吸收。設計上，PCL 己內酯物料用於抵禦折斷，PLLA 聚左乳酸則用來提升彈性。

雙向聚斂倒鉤設計能令鬆弛的組織提升更自然，而且 PLLA-co-PCL 溶解時能促進人體增生 I 型及 III 型骨膠原纖維，就算提拉線完全溶解後，提拉效果仍會因新生骨膠原而持續多年。

　　很多線材已獲歐盟認可，有些更已註冊在香港衞生署的醫療儀器表列，安全度已很高。但是一定要向具相關專業知識及訓練的醫生諮詢，才可以明確知悉自己是否適合做埋線療程。

　　畢竟，線材雖重要，人才更重要。

隆鼻前必讀

人類面孔及五官大同小異，但各有特點，並無絕對美麗的標準，只要形狀大小比例符合俗世眼光，看起來順眼，就已不錯了。

而五官之中人們最常想改善的往往是鼻子，治療方法不少，也好像是比較容易，但其實跟打網球一樣，是易學難精的。

改善鼻型常用的有以下方法：

1. 打填充物：常用的有大分子透明質酸、微晶瓷等等，各有擁躉。無菌操作下用針或導管注入皮下組織深處，實際深度視乎所用物料的相關要求，一般是寧深勿淺。為更好地改善鼻型，不單會注入鼻樑區，連帶鼻頭、鼻小柱、鼻翼底部都會少量注入，然後手法塑型，一般效果良好。術後一周要避免觸碰、按壓、戴眼鏡、高溫等，否則可能前功盡廢。

2. 手術假體：常用矽膠或 PTFE 假體，經鼻孔內側隱蔽切口放入，可即時明顯地永久改變鼻型。缺點是局部瘀腫多，有較高的感染風險，恢復期長，且長期來說不滿意率高達 30%。手術有時更會添加一些鼻頭的同體異位軟骨移植來進一步改善塑形效果，但無可避免地增加了恢復期及風險。

3. 埋線：是最新的方法，是
   以特殊針具，注入數條大
   口徑的可降解的外科材料
   合成線進鼻骨上，短期可
   增加體積，改善鼻樑輪廓，

中長期可令局部產生膠原承托，所以隆鼻效果更長久。近
來有改良版的特殊鼻線出現，線體帶有玫瑰刺，增加了埋
伏的穩定度及刺激膠原增生的強度，效果理想。另有長度
較短的鼻小柱線，可增加鼻體高度及間接收窄鼻翼，令鼻
型、比例更美。建議最好還是選用帶有玫瑰刺的鼻小柱
線，同理會令伏線更穩固，效果更正。

事實上，鼻型是各適其適，並無絕對的最好。就好像世上的
各種不同的體制，各有特點，各有所長，不能說哪一種最好、哪
一國最好等等。

PDO 夢太奇：從醫療到醫美

Polydioxanone 是一種常用的醫學材料，1982 年面世，安全紀錄良好，在人體內會緩慢完全溶解。問世以來，一直用作手術縫線（品牌名稱是 PDS II），以縫合身體內部組織。我和它很有緣，以前在骨科時經常使用，尤其是在常見的股骨骨折手術後作縫合用。特別記得有一次，手術護士問我用什麼線 closing，旁邊另一位護士馬上代答：「唔使問啦，一定是 PDS one、大彎針。」我笑著點頭。被人充分理解並不是壞事，right ？

Polydiaxanone 其實在香港醫學界一直被稱為 PDS，在韓國則稱為 PDO。由於韓風熾熱，港風漸微，現在人們普遍只知有 PDO，不知有 PDS 了！

近幾年，PDO 埋線更大量地被使用於醫學美容範疇，主要用於微創拉提來改善面部鬆弛，效果甚至可媲美傳統拉面皮手術，而且恢復快、風險低。

其實，手術用的可溶解縫線還有許多品牌及材料，例如 polyglactin（PLA vicryl）、polycaprolactone（PCL monocryl）等等。但 PDO 線基本上壟斷了埋線市場，是因為它的材料性質特別適合微創提拉：安全紀錄好，柔韌性適中，不大惹菌，溶解緩慢，

完全溶解約需 6 個月，但能長時間保持拉力（2 周後仍有原本的 80% 以上）。我甚至懷疑，是不是因為它的長期不變心，所以成為人們的最愛之一？

在韓國，一批很有創意的公司，配合優秀的醫生及科學家埋首研究，令 PDO 埋線的改良不斷。首先，線的長短粗幼日新月異，更已有單線、螺旋線、玫瑰線、360 線、彈弓線、鼻線、眼底線、scaffold 線等等，花多眼亂；其次，亦已改良及應用於身體其他部位，例如頸部、四肢、肚、臀、乳房等。有些改良真的很優秀，有些則言過其實。

總之，絕不是長些就一定好些，或粗些就一定好些。反而，肯定的是，線材重要，人才更重要。不要跟忽視專業技巧，或者與缺乏專業技巧的專業人士談專業。

醫美與法治：由巫罪推定到無罪推定

筆者從事醫學美容多年，發覺醫美和法律的進化其實十分相似，都是由起初的虛無飄渺、落後混沌，漸漸建基科學，最後才由亂入治。

引筆者某官司自辯時的結案陳辭以說明之：

「……現代刑事案審訊的核心原則例如『無罪推定』、『寧縱毋枉』等等，是由數百年經驗一步一步建立起來的，當中包括一些沉痛的歷史冤案，例如 1692 年發生在北美洲東部的審訊巫師案 Salem Witch Trials；辯方認為本案性質相似。

「當時波士頓附近的 Salem 鎮，有多名居民精神及行為失常，認為被施巫術，結果導致很多居民受到審判。現代人當然會覺得這事很荒謬，但當時的法庭採納了那些主觀的証供，結果 19 名無辜男女被定罪，之後在當地的絞架山上被問吊。我們只要易身處地一想，就會感受到那股無奈的淒涼。

「當時的哈佛大學校長 Increase Mather（1639-1723）呼籲放過無辜的被告，但結果徒然，他說：『It were better that Ten

Suspected Witches should escape, than that one Innocent Person should be Condemned.（寧願十名嫌疑巫師逃脫，也不希望一名無辜的人被判罪。）』

「數十年後，英國著名的法官 Sir William Blackstone 勳爵（1723-1780），提倡了一個重要的刑事審訊概念，就是著名的 Blackstone's Ratio：『It is better that ten guilty escape than one innocent suffer.（寧願放走十名有罪的，都不能錯判一名無辜的人。）』

「不難發現，Blackstone 勳爵和 Mather 校長兩人的想法是雷同的。更巧合的是，Mather 校長逝世於 1723 年，剛好是 Blackstone 勳爵出生之年，冥冥中像是有傳承的意味！

「後世對該案的起因有很多研究，較合理的解釋來自美國歷史最悠久的理工大學，紐約州 Rensselaer 理工大學的教授 Linnda R. Caporael。她認為原因是居民進食了受到麥角菌所感染的穀物。麥角菌是一種真菌，它的毒素有類似迷幻藥 LSD 的作用，會令一些人產生幻覺。似乎，在冠狀病毒之前，其他微生物早已經改變過人類歷史了。

「Caporael 教授的文章發表於著名的美國科學期刊《Science》，刊登日期是 1976 年 4 月 2 日，即香港時間 4 月 3 日。而世事無奇不有，43 年之後，即 2019 年 4 月 3 日，剛好是本案的案發日⋯⋯」

誰念西風獨自涼

《浣溪沙·誰念西風獨自涼》

清·納蘭性德

誰念西風獨自涼？

蕭蕭黃葉閉疏窗。

沉思往事立殘陽。

被酒莫驚春睡重，

賭書消得潑茶香。

當時只道是尋常。

白話翻譯：

西風至，落葉紛紛，在窗旁獨自思涼。對著夕陽思念往事。醉酒睡懶覺，玩賭書潑茶，當時只道是平常事。到現在伊人已逝，昔日的平常事已成永別。

《清明時節語紛紛》

香港·劉宏德

（抄襲自清·納蘭性德《浣溪沙》）

誰念西風獨自黃？

蕭蕭百業閉關窗。

沉思往事如昨日。

被酒莫驚春睡重，

讀書兼得品茶香。

當時只道是尋常。

某些語錄：醫療篇

‧誠實面對問題，是解決問題的第一步。刀傷大出血還作 CPR，就是亂來。

‧社會常常對醫生有較高的道德標準。因為只有醫生擁有這個特權，可以進入你的身體，甚至進入你的靈魂。

‧任何疾病都是因為先天不足，後天失調。

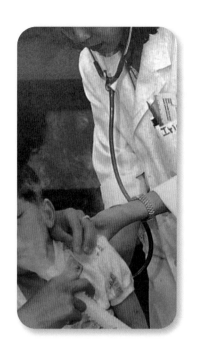

· 曾經有那麼一刻，我們全心全意地相信，我們可以依賴知識與風範，對抗死亡和所有的苦痛。

· 人生的結局只有兩種而已，一種有插管，一種沒有插管。

· 其實醫師只能治好我們治得好的病。萬一是我們治不好的病呢？我們只好表演。為什麼要表演？或許讓大家都覺得好過一點吧。

· 以前小時候罵人說什麼「不得好死」，後來當醫生了，才明白原來一個人要想好死真的很難。

‧讓生者安心，死去的人也沒有遺憾，這才是真正的善終。

‧醫生的存在，是為了解決人類的痛苦，包括身體的、心理的和靈性的，所有可能的痛苦。

‧人在焦慮的時候無法思考。如果家屬覺得醫生是好人，那麼醫生講什麼他都會相信；一旦他認定醫生是壞人，那麼醫生講什麼他都不相信。所以醫生在解釋病情的時候，態度比內容更重要。

‧大部分醫療糾紛，都沒有醫療疏忽，而是源於病人或家屬的內疚感。

．外科的 ABC，開刀要想三件事情：第一，開了會怎樣；
　第二，不開會怎樣；第三，開刀後的併發症有多嚴重。

．在醫學上，有時候不治療其實是最好的治療。

愛恨不需要理由

　　從前有一個權力很大的偉人，他相信「世上沒有無緣無故的愛，也沒有無緣無故的恨。」所以，別人愛他尊敬他，他覺得背後有陰謀；別人恨他批評他，他更覺得背後有更大的陰謀。整天疑心重重，憂心忡忡，戰戰兢兢，結果發動了一場大革命，及場場文字獄，導致社會崩塌，道德淪喪，最終摧毀了一切，包括他自己。

　　我 50 歲前一直認同他對愛恨的看法，覺得很有道理。但自從經歷多了，思考深了，感情豐了，終於自己對自己亦發起了一場大革命。我現在的想法是「愛恨都不需要理由」，君不見有人恨仔，有人恨女；有人恨嫁，有人恨家；有人飯冰冰，有人粥暖暖；有人同性戀，有人 2 性戀；有人公正，有人誣蔑；有人遊行，有人暴動等等。背後常常有原因，但有時是完全沒有理由的，而且情況並不罕見。簡單明瞭的例子就是買六合彩，中獎機會完全是由數學隨機決定的，是沒有理由的。又例如，在商場遇著瘋狂刀手而受害，亦是純粹的不幸，RIP。

　　同理，有人喜美國肉毒，有人愛德國肉毒；有人多用玻尿酸，有人多用童顏針；有人紀念五四，有人紀念六四……

總之，各適其適，理想是不為人世所囿。

醫美基本法

　　N 年前，一切都好像比今天美好，不是嗎？樓價正常啲，啲錢好使啲，CY 後生啲，夏蕙貌美啲。

　　如果 CY 回復當年的盛年體貌，民望應該會高好多。奈何時間的威力真的非同小可，輕易地就摧毀了世上很多美好的東西，當然包括各美男美女的容顏體態。

治療原則，要記得醫學美容基本法第一條：Reverse。

　　即是設法回復容顏到以前較年輕時的狀況就已很好了，切忌畫蛇添足。但特別要針對 3 個 S：Sunken、Sagging、Shrinkage，否則，你沒有好結果。君不見夏蕙、音音，年青時真的是美人胚子；如果能恢復到七、八成，就已像仙女下凡了；可惜，只是如果。

　　所以我想，年輕時的體貌若然很好，做醫美時只要 Reverse 就夠了。

　　若不幸自小一直只有內在美，就只好運用醫學美容。

基本法第二條：Reshape。

　　意思是參考美學指標、黃金比例等等，去重塑臉型、輪廓、角度等等。天隆訣是四凸三凹，三庭五眼，六四……

　　照住做，包靚，不過唔包瘀唔瘀。

基本法第三條：Rejuvenate。

　　意思是年青化，使皮膚要儘量回復年輕時的水分足、彈性好、色澤靚、紋理細。有很多高能量儀器及注射項目已達至安全有效的地步了，但知者幾何？然而，欲歲月神偷，卿本佳人，奈何……

冰冰的肉毒菌素

很多人不知道，肉毒菌素可分兩種：一種要冷藏的，一種不需冷藏的。從前，所有肉毒菌素在製成後，都需要保持冷藏。直到使用前要注入定量無菌生理鹽水混合，才可以使用。凡庫存、物流、儲藏等環節都需要冰冰的，否則會失效、甚至變質。

但幾年前，有高科技技術國家生產出很穩定的肉毒菌素，大部分流程都不需要冷藏，為世人帶來很大的方便和安全感。

醫學美容業界都知道，每年花在處理肉毒菌素冷藏的時間、空間、行政，都不在少數。最重要的是，若一旦在整個冷藏流程中任何一環節出問題，輕則影響藥效，重則產生不良反應。我現在已是越來越多用唔冰冰的肉毒菌素了，特別是在出差時。老實，人們各有各愛，凡冰冰的，仍然不錯。

世事全都可作簡單的分類，及複雜的思量；不要相信耳朵，只要相信眼睛。例如：醫生分兩種，一種有膽，一種冇膽。看其言行就知道；各地政府分兩種，一種有效率的，一種冇效率的。試試申請商業登記就知道了。

眼圈黑五類

　　根據某年某月在法國進行的研究報告中發現，「眼圈」是女性首重關注的衰老問題。研究機構對「最受女性關注的衰老問題」進行調查，招募了 4402 名年齡介乎 18 至 75 歲的女性，對各種衰老問題進行排名，結果顯示已經踏入 30 歲的女性，接近有 50% 的女性都把「眼圈」列為排行「最受女性關注的衰老問題」的榜首。在同一個研究報告中顯示，「最普遍進行的美容療程」排行第 7 位的是「淚溝豐盈」。像畫龍時最著重「點睛」一樣，衰老的眼部肌膚及眼周暗沉的陰影往往很容易透露出我們的年齡秘密！

　　眼部下的陰影，即俗稱黑眼圈，類型有：

1. 色素型黑眼圈
2. 結構型黑眼圈
3. 血管性黑眼圈
4. 醫源性黑眼圈
5. 混合型黑眼圈

色素型黑眼圈：眼睛下方的皮膚本來就特別薄，隨著年紀增加，皮膚水度降低，因此膚色暗啞。如果經常曝曬、捽眼睛及患有長期濕疹、哮喘、鼻敏感等病，炎性物質會令眼圈顏色變深，就更加突顯而形成黑眼圈。但可以借助遮暇膏來遮掩黑色素，此外一些護膚產品可為眼部皮膚補充營養作防護及保養之用。

結構型黑眼圈：因膠原蛋白流失、皮膚鬆弛、蘋果肌凹陷並形成像八字的溝紋，加上臉部結構問題在眼周附近形成陰影，看起來像是黑眼圈的樣子，像是眼窩凹陷、顴骨較高、有眼袋問題者都很容易因為結構性問題造成眼周黑黑一圈的錯覺。就算化妝都未能有效遮掩，必須先要處理眼部凹陷或蘋果肌凹陷或過高的情況。

血管型黑眼圈：出現是隨著年齡漸增、UV 紫外線侵害、長期吸煙，再加上工作繁忙、長時間用眼、經常熬夜、精神壓力大、戴眼鏡，這些因素都會讓眼睛周圍的局部血液循環比較差，造成明顯的黑眼圈。長期低頭打手機的低頭族也要注意啊！

醫源性黑眼圈：現今已並不罕見，主要是因為眼底區的醫美治療所產生的不良反應，例如填充物產生了炎症反應、Tyndall Effect、壓迫血管等等，都會造成所謂的黑眼圈。

總之，想要改善黑眼圈，第一步必定要先瞭解成因，對症治療才能達到較佳的改善效果。

女人一生最大的五個敵人 —— 5S

Sunken（面部凹陷）：隨著年齡漸大，面部的脂肪、膠原不斷流失，以致面部常出現凹陷的情況，多見於太陽穴、面頰、耳前、木偶紋、虎紋等位置。常用的治療是注射透明質酸、多聚乳酸等物質以改善這些衰老的特徵，這些產品都達國際醫美界的認可，安全性亦很高。各產品的作用原理、療程時效及效果、技術要求都各有不同，讀者定必細心留意。

Sagging（鬆弛）：除了凹陷外，膠原、脂肪流失更會造成面容下垂的情況出現，特別是下半面。年紀越大，皮膚曝曬在陽光之下的歷史就越長，面容下垂的情況就越嚴重。幸好，現今科技發達，醫美界研發了一些面部拉提的醫美儀器，例如射頻 RF、聚焦超聲波 HIFU 等技術能有效地令膠原層產生熱力，促進膠原收緊及增生，這些產量熱能的療程通常都能改善面部鬆弛的問題。如想擁有更好的改善效果，讀者可以考慮做 PDO 埋線等微創術，現時的埋線配合膠原增生療程，能把鬆弛包包面即時達到拉提 V-Shape 的效果，深受女士們的歡迎。

Shrinkage（乾皺）：透明質酸的流失嚴重影響皮膚的質素及狀態，若果皮膚各層沒有足夠的透明質酸，皮膚很容易失去水分、光澤和彈性，而且皮膚很容易產生明顯的皺紋。市面上的補濕護膚品成千上萬，但直接注射小透明質酸仍然是最有效的補充療法，配合抗氧成分谷胱甘鈦、硫辛酸等能對抗自由基，延緩皮膚過早衰老。

第四個 S，是白雪公主大 S，當碰到超雪白的她時，會令其他人相比之下顯得特別膚色暗啞。幸好，現在已有相當強勁的美白產品及治療療程，從客觀的角度上看，效果十分顯著；從主觀

的角度上看，客人的滿意率亦都很高。值得注意的是，膚色越白，皮膚底層的膠原就越容易受到陽光損害，讀者更要小心做足防曬的措施。

最後的敵人，就是名嘴主持小 S。她一開口就像機關槍般把旁邊的人都掃射了，能言善辯就是她的特徵，不禁令身旁的人自覺失策，感到窒息耳鳴，繼而鬥嘴失敗。此 S 是屬耳鼻喉科範疇，在醫美學上，仍然無藥可治，建議各位暫時遠遠避開第 5 個 S 先！

醫美的根本在「和宜合道」

除了凹面和凸位外，輪廓是全由直線和曲線組成。直線上符合黃金比例，曲線上凹凸有序，基本上就是美人了。黃金比例，是指如將一條線以分割點分成兩部分，較長的一段與較短的一段之比等於全長與較長的一段之比，大約是 1.618:1。按此種比例關係組成的任何事物都能表現出和諧美，故名黃金比例。

其中，顴部位處面孔要衝，又無可遮掩，所以顴部的位置、高低、形狀、對稱度，在美學上最為重要，但相反其實治療難度不高。

常用的面部美學口訣，是正面看要符合三庭五眼，側面看要有四凸三凹，是非常簡潔實用的美學指標。然而，娛圈芸芸美女大多擁有黃金比例，很多地方亦常凹凸分明，但某時最紅的卻是冰冰的武媚娘。證明美學真的是各花入各眼，各種指標只供參考，不需太認真。

個人認為，現實生活中除了面下部骨架過大最難搞，其他的問題例如平面方角臉、骷髏頭及啤梨狀身型等等，只要稍作醫美上的改善，效果常是戲劇性的。但更重要的，是能達到視覺上的「和」諧，所以記住一定要有：

適「宜」的技術

適「合」的材料

適「道」的改變

例如瘦面要用適量的肉毒菌素注射，不要過量，而注射位置也不要過高或出界，這樣效果才會好。而面部凹陷區可以注入適當的填充物，及以透明質酸或玻尿酸攻其無鼻，輪廓就可以得到「和宜合道」的改善，但要記住曾淵滄先生的金句：小「注」怡情。

PS. 若果醫美的根是在「和宜合道」，醫療的根，會否是在皇后大道中？假如這是真的，那麼醫美根本就比醫療高，我說的是海拔。

Q: Do you never worry?

A: Would it help?

蘋果的亂想

世界上最重要的生果毫無疑問是蘋果，自亞當夏娃，今至喬布斯的蘋果，都對人類影響深遠。但今天談的是牛頓的蘋果。

公元 1666 年一個蘋果啟發了牛頓，20 年後他在《自然哲學的數學原理》一書中發表了萬有引力定律，轟動整個科學界。他享譽全英全歐全球，可說是全球化的第一人，亦是人類歷史上第一位享受國葬的科學家，1727 年長眠倫敦西敏寺。所以我始終認為英國是一個很偉大而奇怪的國家，既有世界級的科學家，也有大量的各種炒家；而香港都唔差，起碼有英國的一半水準。

對醫美學界來說，牛頓爵士點出了地心吸力終會令容貌變得鬆弛衰老，也殘酷地說明白，輪廓要保持緊緻，是一場艱巨的對抗地心吸力的持久戰。

現今，強力的面部提升方法有：

1. 注射提升：即是以注射方法來達至提升的效果，常用材料是聚左乳酸、透明質酸、肉毒菌素等。起效較快，各自原理不同，但技術要求高。

2. 儀器提升：例如以電波或聚焦超聲波發送至皮下膠原層，產熱並促生膠原。生效較慢，療程較痛，好處是並無皮膚創口。

3. 埋線提升：是一種微創手術，用一些會緩慢溶解的手術線材料，例如 PDO，以針內藏線，退針留線的方式進行；之後膠原增生自會產生強大收緊提升的效果。安全有效，但技術要求高，術後一周通常會有一定程度的瘀青。

4. 手術提升：俗稱拉面皮，通常先於髮界內做切口，以縫線或特定裝置，著力於深筋膜層，然後向上向後拉緊，或需要切除一些鬆弛皮膚。創傷較大，瘀青會較重，有時會出現傷口的不良反應。

如果面容凹陷深邃、鬆弛下垂嚴重，我會選擇同時注入聚左乳酸合併 PDO 埋線提升。效果更快更好，療效長而療程亦可縮短。處理凹陷的太陽穴時，最好用納米導管作較淺層的進路，注入範圍如果遠達髮界內 1 厘米以上，會有更好的提升飽滿效果呢。

　　那麼，面部提升的終極（End Point）應該在哪裏？真的要做到所謂的心型面嗎？我想，如果您有一張像真心（臟）的面孔，我是真的會替您難過的。其實，面型像一個當紅小蘋果不就是最好了嗎？

蘋果的亂想

微痛醫美

　　疼痛是醫學上的千古難題，亦是我個人的研究興趣。痛覺的產生、傳遞、原因、個體差異等現象，至今仍然未能完全明瞭。各種各樣的治療方法，更近似藝術，沒有絕對的行業標準。

　　但當處理 E 美個案時，更重要的是如何去減少 E 源性疼痛，因為大部分客人的想法都是：「有病有痛，心甘命抵；冇病有痛，唔係好抵。」

　　所以，安全、有效、微創、微痛，一直都是 E 美學界努力不懈的發展方向。現時作治療前，有需要的話可以口服止痛藥。而如果沒有對麻醉藥膏過敏，治療前都會在皮膚上敷麻膏，以減輕痛楚。更可以使用其他減痛工具，例如震盪器或止痛噴霧，減低外周神經的敏感度，從而有效止痛。

　　另外，在這就不得不提近年越來越普及的納米針具的重要價值。以往，注射用的金屬針嘴需要有足夠的強度，所以管壁不能太薄，以至針嘴內徑受限；當注射較黏稠的液體時，不得不選用較粗的針。但納米科技帶來針嘴、導管革命性的改善，其管壁強而薄滑，內徑增大，流阻大大減少。

當人客特別怕痛時，我會改用幼至 34G 的納米針頭，及短至 2mm 的針嘴，務求注射壓及疼痛感減至最低，而它甚至乎可用於注射頗黏稠的液體例如小分子透明質酸呢。當注射更黏稠的聚左乳酸懸浮液時，我會選用 25 或 27G、長度短至 40mm 的納米導管，確能減輕注射時的不適。納米針具現已是我的隨身之物了，我暱稱它為「VIP 針」，統計大約 93.1415926% 用於 Very Important Person，其餘用於 those Very Intolerant to Pain。

　　真的。

PLLA X 的獻身

　　近年進入醫學美容範疇的新材料，很多都原先用於傳統醫療，例如幾乎所有外科醫生都用過的 V 字頭自溶縫線，是在 1974 年面世，有很好的安全紀錄；它基本上是由乳酸聚合物（PLLA）結合而成，在人體內會慢慢完全分解代謝。

　　在醫美方面，注射聚合乳酸入皮下組織，能安全有效地促進自生骨膠原，逐漸地達致緊緻、飽滿、拉提等效果。由於視覺及觸感自然，很適合用作改善全臉的比例及飽滿度，更可較大程度地減少凹陷位置，而且效果長久。有一些產品加入了甘醇酸，務求能增強聚合乳酸的效用，進一步改善皮膚厚度、新陳代謝，減少皺紋，增加濕潤度及白滑效果。

　　世界上的乳酸聚合物品牌有 X 隻，而香港常用的有兩隻，都是美國品牌。近年有幾隻韓國流行品牌進入市場，其中一隻標榜其乳酸聚合物的品質更好，既聚左又聚右，更加入了透明質酸，同時提供皮下組織即時支撐框架及保濕的效果，一舉兩得。另外，也有些產品是使用 PCL 或 PDO 等醫學藥粉，來刺激人體自生膠原，原理相若。

PLLA 是以乾粉末形態小封瓶保存，使用前一段時間要先加入約 5-8ml 生理鹽水或無菌水，待粉末溶解成適度的懸浮液時才能用作注射。由於懸浮液粘阻較高，要用比較粗一些的針或導管，常用的是 25G 左右大小。輕至中度痛感是無可避免，但專業醫生有很多方法來有效減輕不適，請放心。如適當使用，臨床效果及滿意率很高，效能長達 2 年，而副作用及不良反應少見。

每個醫美產品都需要由合資格、有經驗的醫生操作，才能安全有效地發揮產品的效果。尤其是乳酸聚合物等自生膠原產品，美學及注射方面的要求更高，真的需要由具優良技術及經驗的醫生操作，才能完全發揮自生膠原的卓越效果。我想，如果要求完美，可能要有東野圭吾最著名的推理小說《嫌疑犯 X 的獻身》中，主角的細密心思及嚴謹的執行力才成。

身處美加的美

御膚術：換膚須知

凡人都愛美，都希望擁有年輕漂亮的皮膚，這雖然困難，但辦法總比困難多，一旦有需要，人類自自然然就會找到辦法。

兩千多年前的埃及妖后年代，已有人使用變酸了的奶和酒，用來剝掉衰老的皮膚角質表層，以使皮膚更年輕。當時人們並不明白其原理，但這行為卻一直延續至中古時期。

隨著科學進步，人們逐漸知道了變酸的奶和酒含有多種 alpha 果酸。但要到了 1769 年，才由瑞典科學家 Carl Wilhelm Scheele 首先從酸酒中分離出酒石酸，次年他又從酸奶中分離出乳酸。之後人們不斷地從植物中開發出更多的 alpha 果酸，以及 beta 果酸，例如 1838 年意大利科學家 Raffaele Piria 首先從柳樹皮純化物中分離出水楊酸，一種 beta 果酸。到了 1853 年，法國的 Charles Frederic Gerhardt 是將水楊酸合成為阿斯匹靈的首位科學家，該藥之後幫助了無數病人，在醫藥史上無與倫比，此是後話。

到了近代，法國的一間公司研發出 Lipohydroxy acid（LHA），又名辛醯水楊酸 Capryloyl salicylic acid，是水楊酸（beta 果酸家族的一員）的酯類衍生物，現常用於化妝品及藥妝。

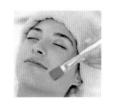

　　LHA 對皮膚既具有良好的去角質能力，又有很強的皮膚舒緩效果，是很好的御膚品；能改善皮膚的多種問題，例如膚色暗啞、水油失衡、痤瘡、光老化、皺紋、毛孔粗大、乾澀及彈性不足等等。而由於 LHA 是水楊酯，有較強的脂溶性，而且接近正常皮膚酸鹼度，沒有一般果酸那麼刺激，故此較少有副作用，我個人認為 LHA 是更適合東方人的皮膚。

　　今時今日，果酸的開發及應用不斷進步，人們通過調較酸鹼度、加入輔助物等等方法，已令果酸換膚變得更加安全有效。

　　而最新的改良，是在換膚液中添加了透明質酸及鹼質，明顯減低了治療時的不適，但同時有更好的補濕效果，大大減少了不良反應和副作用，實在是一項可喜而貼心的研發。因為一旦用了錯的換膚產品，後果可以很嚴重！

　　另外，科學研究發現，在果酸換膚之後當天，由於角質層細胞的橋粒被暫時輕微鬆開，皮膚導入性會變得更佳。所以，若同時施以適當的其他治療，例如作胎盤素或補濕液導入，御膚效果會更加好。當然要重申，大前提是所使用的換膚液要適合自己的皮膚，否則會得不償失，美人們不可不知。

肉毒桿菌素抗藥性的討論

1. A 型肉毒桿菌素適用於哪些醫學美容療程或其他醫學治療？

   去皺如眉心紋、抬頭紋、魚尾紋，瘦面、瘦小腿、美肩等都很普遍。其次，醫學上常用於眼瞼痙攣、肌肉攣縮及中風後肌力不平衡等功能治療。

2. 什麼是肉毒桿菌素抗藥性？為何注射肉毒桿菌素使人體產生中和抗體？

   普遍的 A 型肉毒桿菌素在製造過程中殘留一些雜質如複合蛋白，當我們多次注射含雜質的肉毒桿菌素，當中的複合蛋白便有機會引發人體免疫反應，將其辨認並產生中和抗體導致療程失效。情況像極疫苗注射的原理。

3. 隨著美容療程中使用的劑量與醫學治療中的劑量相同，人體的中和抗體是否隨之增加？

   是，肉毒桿菌素可用於醫學治療中如肌肉痙攣、眼瞼痙攣、痙攣性斜頸等，使用的劑量相對較高，若果肉毒桿菌素中含有雜質即增加產生抗體導致療程失效的機會。

4. 如何減低肉毒桿菌素抗藥性的風險？選擇肉毒桿菌素療程前有什麼要考慮？

選擇肉毒桿菌素產品要有美國 FDA 認可／國際品牌，從一開始就選擇零雜質純淨肉毒桿菌素，確保每次接受療程都有理想效果，選擇對肉毒桿菌素抗藥性有認識的醫生。進行肉毒桿菌素療程前當然要考慮會否產生抗體。

5. 一旦出現肉毒桿菌素抗藥性，好多用家會選擇增加劑量或更頻密進行療程，這樣做有什麼風險？

不建議使用過量或療程次數太頻繁，不論增加劑量或縮短每次療程間距，如果越打越密，都有可能更刺激身體產生免疫反應，導致產生抗體出現療程失效。其

實可以讓身體休息下，暫停一下注射肉毒桿菌素，過一段時間再打或嘗試轉用沒有雜質的純淨肉毒桿菌素。

6. 產生抗體對用家有什麼影響？

一旦產生肉毒桿菌素抗體即代表療程效果減弱或完全失效，不但用於美容上，而萬一身體出現問題而需要用在身體治療上也同樣會失效。影響可以很大。

7. 醫美從業員將肉毒桿菌素療程的風險告知美容用家時，會遇上什麼困難？

最大困難是用家未必能理解為何會產生抗體，或是會過分擔憂。但我們還是有責任向他們解釋清楚肉毒桿菌素如含有雜質有機會造成療程失效的風險，因為他們有知情權。

8. 醫美業界如何解決以上困難？

業界需瞭解市場上對肉毒桿菌素抗體關注的情況，既然用家想知道，我們就有責任解釋，可嘗試以比喻方法解釋，例如長期飲咖啡，就可能會漸漸失去其提神作用。又正如吃辣的東西，有些人久而久之便會習以為常。

9. 肉毒桿菌素有哪些品牌？

香港市面上的品牌，包括有長達 20 多年的俗稱美國肉毒的 B 牌，另外亦有英國肉毒的 D 牌、德國肉毒的 X 牌和韓國肉毒的 S 牌。它們就像人類一樣，各有高低，各有所長。另外，一隻新的肉毒品牌在 2022 年 9 月獲美國 FDA 批准上市，特點係更長效及副作用更少。

任何產品的推出，都有賴天時、地利、人和。特別是高層管理者的智慧及努力，對於一個新產品在市場上能否成功，至關重要。

某些語錄：人世篇

· 惟仁者能以大事小，
　惟智者能以小事大。

· 人生有四種境界：
　把別人當自己，是博愛；
　把自己當別人，是淡然；
　把別人當別人，是智慧；
　把自己當自己，是自在。

· 生命真正的本質是時間，而不是擁有。

· If you can meet with triumph and disaster and treat those
　imposters just the same.

· 人生是單行道，你從來不知道，如果你當時選另外一條路，會是怎樣。你永遠不會知道。你知道也沒有用，因為你已經走過去了。所以向前看就可以了。

· 閱歷方知境，纏綿始悟情。

· 進行改革，困難的往往不是創造新事物，而是如何讓舊事物安靜退場。所以，除惡勿盡。

· 如果人與人之間，在一起的目的都只是單純地為了像這樣瞭解彼此，那該有多好……

· 人因有夢想而偉大。而夢想幻滅，是成長的開始。

· 做可笑之事，才能竟難成之功。

· 面對挫折打擊不是最困難的，最困難的是面對各種挫折
　打擊，卻沒有失去對人世的熱情。

· Danger is very real. But fear is a choice.

・人生是什麼？
　追求這個問題的答案，就是這個問題的答案。

・很多我們現在覺得很不得了的事情，幾年後回頭一看，
　雲淡風輕都不足道了……

・人生的意義，其實比我們想像中簡單，只不過是讓自己
　快樂，和令人快樂。

・人就像水珠一樣，偶然地流合在一起，終於又自然地分
　開，就像滴在窗上的雨水一樣。

．如果一個人完全成熟了，就等於死了。

．人生無根蒂，飄如陌上塵。
　分散逐風轉，此已非常身。
　落地為兄弟，何必骨肉親！
　得歡當作樂，斗酒聚比鄰。
　盛年不重來，一日難再晨。
　及時當勉勵，歲月不待人。

．香港是一種精神，不只是一個小島。

．從生到死有多遠？呼吸之間。
　從迷到悟有多遠？一念之間。

· 一切都是無意中的選擇，不過無意中的選擇也是自己的選擇。

· 去到一個時間，係要應該識得放手。因為你放過咗人，即係等如放過咗你自己，你會可以有一個重生嘅機會。

· 何須說最愛是誰，誰最愛。不可說不可說，你自己知道便行了，毋須與紅塵交代。

· 人會隨著年紀和經歷而改變是一件好事，不然人類現在還停留在石器時代。

‧出身不是自己選擇的，因此沒有什麼值得自豪或自卑。
　「身世悠悠何足道，一笑置之矣。」

‧每個人都有自己的難處，做好自己，毋須羨慕別人。

‧生命是一趟迪士尼樂園之旅，我們都只是盡情歡樂的遊
　客，時間到時我們都得離開。那時，我們深吸一口氣，然
　後告訴自己，夠了。

某些語錄：思與見篇

· 學問有四種境界：

   1. 沌，不知道自己不知道

   2. 頓，知道自己不知道

   3. 牛，知道自己知道

   4. 牛頓，不知道自己知道

· 不是大的打敗小的，不是強的打敗弱的，是快的打敗慢的。

· 只有好的企業能有長期利益而不驕，無短期利益而不怯。

· 不要害怕有衝突，但是要有解決衝突的機制。

・任何群體之中，
約 4% 人有反社會
人格，0.4% 人有
精神病。

・用人是用他的優
點，不是用他的
缺點。

・要為成功找方法，不要為失敗找理由。

・誠實面對問題是解決問題的第一步。

· Not everything that is faced can be changed, but nothing can be changed until it is faced.

· Democracy requires compromise even when you are 100% right.

· 勿恃敵之不來，恃吾有以待之。

· 第一線工作人員提出的方法，絕大多數的情況是比後方坐辦公室的人憑空想像的方法更加實際。

· 不要怕失敗。失敗以後如果沒有檢討，那才是真正的失敗。如果失敗以後有檢討，這個失敗還不算是失敗。反而，成功，沒有讓你學到什麼東西。

· 失敗乃成功之母，對的。
  成功乃失敗之母，更對。

· 戰略上要蔑視敵人，戰術上要重視敵人。

· 最好的管理，就是不用管理。

透明質酸進化論

　　透明質酸（Hyaluronic Acid，簡稱 HA）又稱玻尿酸或琉璃醣碳基酸，是人體組織不可缺的一種生物高級成分。是由雙醣分子單位組成的直鏈多醣體，能攜帶本身分子 500 倍以上的水分。成年人的身體大約含有 10 克左右的透明質酸，而約有 50% 的透明質酸是存在於皮膚中，能維持皮膚的正常結構和功能，維持肌膚水分保持結締組織彈性，亦存在於人體的眼睛晶狀體、關節液及其他結締組織等地方，同樣擔當十分重要的角色。

　　透明質酸會隨著年齡漸增、紫外線侵害、長期吸煙、炎症、感染及精神壓力等因素而在身體自然地流失。無論對身體或皮膚組織來說，都會影響營養在細胞之間的輸送，還會減低皮膚細胞排走廢物的效率。除此之外，骨膠原是依賴透明質酸共同起作用的，一旦透明質酸數量下降，隨即影響骨膠原的能力水平，透明質酸含量下跌會令皮膚變薄及鬆弛，感覺乾燥，嘴唇變薄，眼窩及面頰下陷，皺紋出現等。

　　約 30 年前，第一代的 HA 由動物組織內提取出來，開始應用於醫學。由於製造費時，成本又高，產品效果又差，故並未能普及使用。

但不久之後，科學家把鏈結物加入透明質酸中成為第二代HA 凝膠，大大改善其穩定性及療效，並開始普遍應用於醫療及醫美。醫療方面，多用於退行性關節的治療及眼睛手術，醫學美容方面主要是用它來填補下陷的皮膚，如靜態皺紋、暗瘡疤，或提升鼻樑、輪廓，豐盈下巴、太陽穴及虎紋，改善唇形等。小分子透明質酸淺層注射更能改善皮膚質素及彈性等等。現代透明質酸在時效、質地、粒子大小等方面已有很多不同選擇，可讓專業醫生根據具體情況，使用於人體不同部位。

　　10 多年前，歐洲開始有藥廠推出第三代透明質酸，添加了多種營養物、礦物質及美白抗氧化成分。保濕美白效果出色，故很受歡迎，並一直風行至今。

　　近幾年，北美有藥廠成功研發第四代透明質酸。它以透明質酸為載體，添加了醫用的膠原刺激物，例如 DEAE（Diethylaminoethyl），先提供一個框架，再吸引帶負電荷的膠原纖維生長進去。即能即時的填充，又有自然及長效的膠原增長，一石二鳥，極具創意。用於面部的凹陷位置，能長期地改善輪廓。

轉眼間 30 年過去了，HA 已進行四代飛躍。但另一個 HA（醫院管理局），則很穩重，尚未看到任何突破性的改革！

PS. 使用填充物，不是零風險的，尤其在鼻子附近使用。損傷或壓到血管並不罕見，嚴重時會使局部皮膚組織缺血。做前要考慮清楚。

防偽醫學

近年來，整個大中華地區越來越重商輕農輕工。很多產業，甚至專業服務，例如醫療、法律、會計等等，都已高度商品化了。結果是引來社會貪婪風氣日深，道德水準日低。但人們潛意識地總想免受良心譴責，常常以取巧的科學理據包裝其貪嗔行為。

御膚術一言以蔽之，社會普遍有原發及繼發的反智，而偽科學泛濫。其他事情尤可，醫療影響到人民的健康及生命，真的不該這樣離譜吧。讓我來訴訴苦。

常見的偽醫學是：

1. 誇大療效。例如感冒、痱滋之類，本身是會自愈的，用與不用藥，其實痊愈時間差不多。但大家在各大小藥店都能見到各式各樣自誇能快速治療感冒、痱滋的藥！

2. 偷換概念。例如，有些產品成分上比其他品牌缺少某果酸，便引用些似是而非的實驗，不合理地施用超高濃度的

該果酸來作測試，然後以偏概全地說該產品有害健康！常識是，喝水有益，但喝過量就一定有害。正常人都不會誤以為水本身是有害的吧！

3. 朝三暮四。玩數字遊戲以低價錢來訂價量少、短效的產品，刻意和量多、長效的產品比較價格，以轉移視線，令人們忽略了性價比的重要。常見例子是各種醫美填充劑，有著各種不同的原材料、毫升量、時效、堅挺度等等，一般人是不會懂得怎樣去比較的。絕不要受宣傳誤導，也不要只看價錢。

4. 安全完美。我既曾經經歷情場，亦久歷醫場，深知醫療及愛情都必然伴有某程度的不如意。世上是不會有完美的產品的，也不存在零風險的醫療。最重要的是，結合產品推出市場後的檢討，再加上適合的醫生的分析，才能提高產品應用的境界。有時候雖然沒有臨床系統數據支持，但具備良好口碑、實踐能力突出的醫生的看法，確實對提高產品水平頗有幫助。只要各方心存善念，盡力而為，則幸甚至哉。

肉毒桿菌素的三長兩短

肉毒桿菌素在今天的醫學美容方面已經是不可或缺。原本是肉毒桿菌所產生的毒素,具有封閉人體肌肉的運動神經接頭的作用,從而造成相關肌肉麻痺。其實,現代的肉毒桿菌素早已改為以生物科技方法提煉出來了,而且品質亦越來越純粹。

簡單地說,肉毒桿菌素的三長:

1. 控制肌肉的力度,如瘦面、去皺、治療斜視、中風後遺症等等。

2. 調控某些神經功能紊亂,例如治療大汗症等。

3. 治療某些困難的痛症。

肉毒桿菌素的兩短:

1. 自從 1989 年開始正式用於人體,轉眼已 30 多年,使用過的總人數已過億。只要使用恰當,安全性是極高的。一般坊間傳聞的負面印象,主要都是操作者的技術參差,或是顧客對療效的主觀期望過高所致。只有提升知識及技術的培訓,加上適切的顧客期望管理,香港醫學美容的前景才能更秀麗。

2. 人怕生壞命，藥怕改壞名。肉毒桿菌素本身的名稱的確
   有點嚇人，容易令人誤解。就算在香港，市民素質普遍偏
   高，但對此藥仍然存在偏見⋯⋯暫時似乎仍然是束手無
   策。

   肉毒桿菌素尚有一大特點，就是只要停止使用一段時間，藥
效自會消失，回復原貌。到有需要時隨時再使用，只要身體沒有
產生抗藥性，則效果會再現。

七月環保之歌

全球暖化，天氣越來越熱，冷氣機幾乎是必需品。香港的商場以冷氣凍聞名世界，每年實在浪費了很多電力，亦產生了不少碳排放污染。為了環保，請大家要試用其他解暑方法，而儘量少開冷氣。

每年夏天，特別是七月初，天氣最熱的時候，我都很喜歡聽一首歌，旋律很悅耳，歌名叫做《寒冰》，歌者是獨臂刀王之女馨平。曲詞唱都一絕，聽起來令人很有涼浸浸、冷冰冰、孤零零的感覺，好應節。個人覺得極有消暑功效，直情勁過林超英。

誠意推薦，六度輪迴降溫歌詞如下：
「為何是酒醒，總覺冷冰，何事最陶醉，亦會甦醒……
從來不懂得，這樣冷清，循環的鐘聲，一再寧靜
是你沒有再保證，長夜再無覆訊和應
從此冰與冷，再覆回泛
回歸每一夜，充塞晚間
誰當天臂彎，緊擁抱
容刺熱流透，我的襯衫
寒冰封慨歎，奮力難挽
消失去的夢，心灰意冷……」

歌曲是否能動人及消暑，請親身去聆聽感受，不要完全相信別人。

港式自悟

· 香港，在哪天和哪裏一定可以超英趕美？

　答案是，在夏天，在超級環保衛士林超英家裏。

　因為無冷氣，一定熱到趕走美女。

· 《西遊記》中，邊個人物最難？點解？

　答案係孫悟空，因為一個人能夠悟空已好難，要個团悟
　空更難，要個孫悟空最難。

· 凡事皆有代價，覺得值得就去做。

· 別人和自己有不同意見，絕對是好事。舉例，請先望向
　枕邊的人或床邊的手機，再試想如果當年人人都鐘意佢，
　實追貴晒，幾時輪得到你追到佢先？所以真的要感恩不同
　的人有不同的口味。

· 癮這東西，有亦煩，無亦煩。中外遠近都不乏有人，癮過了火而出事，令人不無感觸，其中一位叫作吳亦凡。所以我每當見到某些朋友有舖癮而尚未出事，都衷心戥佢高興。

· 不要相信耳朵，要相信眼睛。
係未 One way 信晒？ No way。

· 如果方向錯咗，越努力，越大鑊。

· 世界上這麼多人，居然有人會以為人的性格只分 12 類，東方的叫生肖，西方的叫星座。有些人更離譜，以為性格只分四類，A 型、B 型、O 型和 AB 型！

· 凡過了身或者過了氣，都是很慘的一件事，當事人請節哀順變，旁人也請多多包涵。

· 乜嘢事都要作最好的準備，最壞的打算。

· 我對欲物狂的朋友，都會忠告一次：香港最昂貴的就是時間和空間，嘥時間去買嘢返屋企擺，最笨。

· 常識很重要。作為一個政府領袖，決定什麼事情不要做，遠比決定什麼事情要做，更重要得多。

‧當寂寞戰勝恐懼，就是一切疫情結束的時候。

‧緣，是快樂之源。

‧高手返工其實唔係去做嘢，而係去講嘢。要講到老細都
　認同你嘅想法，先至真正去做你想做嘅嘢。

‧人是有高低之分的，低的是民族主義者，高的是民俗注
　意者。

．任何事，千萬不要渴望排名第一，因為物極必反，肯定有伏。例如城市競爭力世界上排名第一，肯定商家happy，但勞工定必存在被剝削；城市宜居度排名第一，肯定物價昂貴；自由度第一，則肯定治安不佳等等。有時，揀三揀四，反而係最理想。

．世俗聖經最重要的一段話，是《馬太福音》第十六章第二十六節：人若賺得全世界，賠上自己的生命，有什麼益處呢？人還能拿什麼換生命呢？

．「0」是個神奇的數字，它的相反數是它本身，它的絕對值是它本身，它的平方是它平身，它的開方也是它本身，任何數跟它相乘都是它。
16 世紀，印度人發明的這套「阿拉伯數字」傳到了歐洲，當時的教會認為它是邪惡的，所以嚴禁「0」的傳播，強要清零。不清「0」的人還被政府抓起來，施以嚴刑，但是最終，「0」這個數字還是在全世界流行開來了，就像新冠疫情一樣，共存了。

· 某君性格急躁，飯局時經常催促店家快些上菜。我勸道：
「好好享受人生下半場的美味啦，不用忙，不要催，特別
係千祈唔好『催雞』！」

· 人漸漸老去，是免不了的事情，雖然速度有快慢，程度
有參差。其中，情緒上的轉變，很受性荷爾蒙的影響。
中年過後，男人的男性荷爾蒙水平降低，人會越來越婆
媽。
相反，女人的女性荷爾蒙會減少，同時男性荷爾蒙升高，
人會變得固執。
如果我們在老去的過程中，以上的變化並不明顯，則是
萬幸。
恭喜恭喜。

· 打網球切記寧深莫淺，
打網球切忌零心莫錢。

肉毒桿菌素的四個 W

肉毒桿菌素於現代醫學上有三個常見功能：

1. 痛症；
2. 某些神經功能紊亂，如多汗症及中風後遺症等；
3. 醫學美容。

使用肉毒桿菌素來進行醫學美容需要一定的技巧和經驗，以瘦面為例，因為造成方面闊面的原因很多，並非單一因為腮骨咀嚼肌粗大造成。其實面型是分前後區的，前區包包面多為下頜位置脂肪過於鬆弛下垂所致，可使用抽脂或做提升去改善。後區腮骨位置闊大，則可用肉毒桿菌素改善咀嚼肌而達至瘦面，要兩區同時兼顧，效果才得完美。要審視肉毒桿菌素瘦面的功能，可用四個 W：

WHAT（使用什麼）？現時最普及的兩個品牌分別為一個美國牌子及一個歐洲牌子，建議求診者指定獲美國食物及藥物管理局（US FDA）認證的藥品，安全性更為具保證。

WHY（為什麼可以）？阻截神經傳導使肌肉暫時停止活動，從而改善咀嚼肌。

WHERE（打在什麼位置）？亞洲人使用肉毒桿菌素瘦面，面頰注射位置宜低不宜高，若位置偏高接近顴骨下會予人憔悴的感覺，注射於後下頷骨的位置會更佳。

WHEN（幾時打）？用於瘦面，若然是改變體型體積，兩個月後效果最好。因此如果要配合活動例如婚禮，最好提前兩個月落針，效果才會完美。若然用於控制力度方面譬如皺紋或做提升，效果較快，兩日可見。肉毒桿菌素瘦面的效果因人而異，一般來說約能維持半年左右，建議先諮詢經相關訓練之醫生。

激光的安全使用

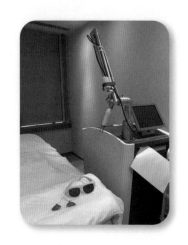

　　大家都知道，陽光其實是由多種不同波長的光線所組成，如果經過適當折射，就會產生彩虹。1666年，科學巨人牛頓只簡單地運用了三稜鏡，首先揭開此秘，並運用他的數學天賦來演進一些光學定理，加速了後世科學家們對光線的研究。

　　64 年前，人類發明了 Laser 激光，是「透過受激輻射產生的光放大」（Light Amplification by Stimulated Emission of Radiation）的縮寫，指透過刺激原子導致電子躍遷釋放輻射能量而產生的具有同調性的增強光子束。用人話講就係，它是一種特純的光線，是由原子內的電子於激發後由某能量高位跳落至某能量低位時，發出的電磁波。如果大量原子同步發生此現象，所發出的激光的能量可以很巨大。而且由於其光束波長極純，在空氣中傳送時能量損耗極少，在科學、醫學、軍事和工業上都很有價值。

　　現代激光的製作上，是通過激發特定的物料作媒介，加上誘導及採集得法，就可產生不同波長的激光，最常見的是 CO2、NadYag、Alexandrite、pulsed-Dye 等媒介物所分別產生的

10640nm、1064nm、755nm 和 595nm 等波長的激光。由於其光波波長不同，各有其物理特性，經多年反覆研究改良，加上豐富的醫學實踐，現已大量用作治療不同的皮膚問題，例如皮膚老化、色斑、毛孔、皮脂、疣等等。

但由於各式各樣的激光儀器和場所充斥市面，良莠不齊，所以市民的評價高低差別很大，其中許多問題不乏是操作者使用失當所造成，而並非激光本身的問題。常見的因素包括：診斷錯誤、適應症選擇失誤、使用錯誤波長的激光、激光能量不當、期望管理失衡等等。

但重中之重，是要安全地使用激光，尤其要好好保護眼睛，操作者及被操作者一定要配戴合適的護目鏡或護具，及要在特別光亮而沒有反光物件的房間內進行。因為當房間光線暗，瞳孔就會較散大，因而會漏入較多的激光能量，長遠會嚴重傷害視力。

另外，由於有些激光能量巨大，必須要有嚴格的操作規矩，並時刻防範激光槍走火誤射，畢竟意外就是意料之外。

座談：中日韓 Beauty and The Best

Crystal：中、日、韓對美有什麼不同睇法？

Lau：我個人覺得香港女仔好幸福，全世界來説，香港女性很ok。先説一些醫美睇法，由皮膚來説，黃種人是最好，白種人容易衰老，黑種人容易有疤痕，我覺得黃種人最幸福。至於女性，香港好少性別歧視，例如在大陸、韓國、日本做醫美的比例較高，香港比例及醫美滲透率較低，這其實是好事，代表了在香港不用做花瓶也能夠上位。而在日本、韓國，女人不美就好難有前途。所以我個人的睇法係，香港女仔好幸福。

最近香港有件事很清楚反映到香港性別歧視不嚴重，林鄭月娥當了特首，沒有人會話香港有女特首而要大肆慶祝喎，人們覺得有女特首係很平常，這正正反映香港的性別觀係好平等。

Crystal：今日主題想講中、港、台分別，剛剛説了中、港、台女性社會地位，知道劉醫生常會出國，還有其他特別的社會現象和我們觀眾分享嗎？

Lau：我很喜歡觀察外界事物，例如說醫美，每個地方都有它的特色。我的睇法係，韓國醫生普遍較粗魯，例如打針動作上韓國人比較粗糙。至於日本醫生則太幼細，填充鼻也要劃線，45 分鐘也做不好一個填充鼻，但這是他們的特點。日本客人喜歡慢條斯理，如果做得太快會覺得粗魯，因為大家禮貌底線不一樣。韓國民族性是較粗，醫生的動作很難做到精細，這是我的觀察。而香港和台灣是在中間，我們適當地爽快、幼細、溫柔，這是我個人睇法。

而其實我接觸多的是國內醫美，有我的體會，國內社會上對醫療未夠信心，所以香港醫美有這個優勢，能夠提供信心。這其實是信心遊戲，有些像金飾行業，我哋的成色好、可信，客人就信心大，所以會有源源不絕的生意。如國內制度化穩定安全，這個情況會改變，到時改為比較價格，香港成本較高，會處於劣勢，但暫時還是可以的。

Pang：手上有些資料，關於整形外科醫生都有些代表性，最多整形外科醫生是在美國 7000 人，韓國有 2200 人，中國 4000

人有上升趨勢，發現整形手術最多的地方是韓國。有趣的是法國這先進國家非手術已經去到 90%，韓國 60% 還是做很多手術，中國 70%，看數據顯示非手術是漸漸增加，會增加至 90% 好像美國，証明會選擇越少創傷而又可以變靚。看到美國的數是我們十年後的數字，相信是這樣。美國曾做過整形手術的人口最少有 5%，是全世界最多的國家，韓國 2%，中國最少得 0.5%，因為基數大。

所以醫美是很有發展空間，生意額就不多説，只大約説美國大約一年一千兩百億港幣，中國有八百億，而美國增長只有單位數 6%，韓國 17%，中國有 20%，其實增長很快。因為香港沒有數據不能評論，相信國內會有作為，但暫時還是參差，局面較混亂，希望香港醫生同國內醫生互相幫助，但不知誰幫誰。覺得這些數據頗有趣，給大家參考一下，劉醫生有什麼睇法？

Lau：其實中國仍在發展當中，數據不能信晒，但肯定係會發展較快，這亦引證我先前所説白人較容易衰老，所以整形手術已是生活的一部分。

Pang：而黑人整形沒有太大作用。

Lau：不是呀！我常舉例球王比利，由以前到現在樣貌沒大改變，保持得好好，但最差是奧巴馬。

Pang：你有看到朗拿度嗎？肥到似隻豬。

Lau：肥還肥，最差的還是奧巴馬。球王比利就保持得很好，還有很多老婆。言歸正傳，我本人覺得中國人不適合做手術，如有選擇都不要做整形手術，這是我的睇法。因中國人的皮膚不適合做手術，好容易疤痕唔靚。而日本、韓國做整形就比較合理，一來她們底子較差，二來她們膚色白，手術疤痕會較好。而中國和香港女仔其實比較美麗，一般不需要手術大整。看以前的韓國電影就知，她們骨骼偏大，如要大改善就要動手術。

而皮膚上日本和韓國膚色偏白，開刀疤痕較靚，香港、中國女生開刀有疤痕的風險會高，例如開眼頭，經典係非常麻煩，疤痕多數唔靚。老實講，中國人特別適合發展醫美微創，因為事實上不適合做手術。

Crystal：我都有微調下巴，以前我側面下巴不夠美，手指放在這碰不到下巴，填充後令下巴凸出了。

Lau：側面看時，見下巴偏後，這情況在香港很普遍。咬合時牙齒有前後，就多數係下巴縮在後面；如將下巴填充，令輪廓上拉出來會更好看，尤其係側面。

Pang：最後想問，男人如果從韓國、日本、香港搵伴侶，你覺得哪個地方最適合？第一選樣貌，第二選性格及其他特質。

Lau：我有另類睇法，如果選日本、韓國妹，我哋會好受歡迎，因為佢哋國家大男人，女人會覺得我哋係紳士，肯定死心塌地，撇除樣貌唔計，都有凌駕性優勢嘅。（一笑）

但日韓女人皮膚較白，容易老。

總結：人越白、越易老，而通常港女最襟老。

番外篇 《美麗有序》 劉宏德醫生在內地工作的見聞 #...

myhk beauty
11 個月前 · 收看次數：663

8:38

審美官延續篇 《美麗有序》劉宏德醫生分享 #何謂自然美 ...

myhk beauty
11 個月前 · 收看次數：1K

14:51

《美麗有序》小毛見大毛

myhk beauty

談自然美

Crystal：醫生，自然美點睇？

Lau：自然美每個人都有唔同定義，我會覺得儘量跟返佢嘅骨架，不應偏離太多，基本上就係自然美，唔好大變但都順眼，要跟客人溝通攞個妥協。

Crystal：例如有啲人 pizza 咁大塊面，但想要做到 Angelababy 咁，你就會拒絕佢？

Lau：會客觀話佢知咁係唔可能，醫美哲學好清楚，要大改變一定要做手術，微整只會是有限度嘅改善，呢個一定要清楚。呢個係期望管理，期望管理做得唔好容易出問題，會有拗撬，搞得唔開心就唔好。

每個人都有改善空間，其實最理想的面型是無凹位，無鬆位，骨架唔大，基本上都已經很靚，所謂美女都係呢個定義之內。如果骨架比較大，凹位多，或比例較差，現代都有很多方法令面型改善。以前要飽滿擴大比較容易，收細比較困難，現在多了很多方法。

收細嘅有儀器，有些針藥令面型細番啲。例如佢只要將面頰收細小小就會較好睇，呢個係好多人嘅最大問題。

Crystal：如果將下半面收細會唔會有難度？

Lau：唔會太難，但要有適當時間，因為每樣儀器或針藥都要有啲時間先會有反應，所以要多啲時間，例如可能要兩三個月。

我哋呢行有啲怪現象，就係有啲客人其實唔知道係需要時間，例如瘦面覺得我今日做，過幾天就有效果。其實希望多啲人知道唔可能，是需要多啲時間，如要趕婚禮起碼都要幾個月咁先穩陣。

做醫美要大改善，其實起碼要有三個月時間，因為要覆診，每個人有唔同反應，所以要覆診微調，如果無三個月就唔穩陣。

Crystal：請問能否專業判斷出一個人有無接受過醫美療程呢？

Lau：呢個我唔想評論，因為曾經有啲雜誌想評論女星有整過或未整過，但最後佢哋都收起呢個玩法。事實上好危險，因為

有時真好似假，假亦好似真，無一個人可以百分百肯定到是真定假。例如出街坐地鐵都會見到各式各樣鼻、嘴、面型，可能本身就係咁。

Crystal：但好多時啲醫生都會根據黃金比例幫客人改善面型或者某一部分大細，當咁多人都跟住黃金比例做，會唔會好難分辨是先天還是後天？

Lau：其實會有呢個情況，當大家目標一樣，仲做到好足的話，會令到好多人面型都好似，有個笑話係韓國有個女性被通緝，因接觸過中東呼吸綜合症想搵佢隔離，但好難搵，因為太多人樣貌太似！我們睇韓劇都見好多，其實個個差不多樣，呢個就係大家太追求黃金比例情況。

係靚嘅，不過太似就無咗特點。

Crystal：會唔會有一個自己研究嘅比例，無同其他人 share 過，當有人搵你，你會介紹畀佢？

Lau：我唔信有啲咁嘢，主要是睇你自己骨架，如果你骨架很大，亦無可能做到真真正正黃金比例，只能將缺點盡量減少，常見缺點其實得幾種：凹，鬆位，脂肪太多或肉太厚，呢啲係常見問題，不過現在都有適當方法可以改善。

Crystal：一般我哋覺得骨架最難處理，因為好難削骨，除了骨架問題，係咪無其他固有問題是改變唔到？

Lau：我覺得越來越接近呢個地步，因為醫美微創打針已經很多嘢都解決到，尤其是我覺得呢一年醫美好成熟有好多嘢都可以解決到，以前整豐滿是容易、整細係難，但現在都可以做到消脂肪而控制到。例如埋線，你收緊咗都會面細咗，其實有好多方法幫助到，甚至骨骼我都諗緊辦法，我覺得仲有空間可以試，用非手術方法令骨架改善。

Crystal：如果有個人造美女，係經過手術或微調針藥，又係唔係真係靚呢？你點睇呢一類人？

Lau：我很客觀，靚就係靚，無論是自然或是人工，我都受得。

Pang：剛聽完劉醫生嘅理論，整理咗三大類，第一係化妝，現在的化妝術幾乎易容都可以，最近印度有一單，個老公老婆結婚，第二日就要離婚，因為佢從來無見過老婆素顏個樣，原來素顏同化妝相差好遠，所以呢個係其中一個方法。第二種就係微整用儀器用打針，亦都整得好靚。第三係手術，手術當然可以做得更加標緻，甚至你想做邊度都可以做到。

Crystal：我微整接受嘅，手術唔好去到傷身。

Lau：手術好處是永久，好多人鐘意呢樣，要大改變，要永久。如果係自己家人，我唔會主張手術，對我嚟講為咗咁樣而靚無需要。雖然好客觀，靚就係靚，唔理用咩方法達到都係靚。無辦法排除呢樣嘢，等於睇電視電影，明星靚就靚，唔好理佢用咩方法達到，得佢自己知亦唔好估，佢有呢個美感始終係真嘅。

Pang：如你伴侶曾做過，覺得需唔需要坦白從寬講出嚟？如果唔係就會搞亂社會成個生態。我覺得要講出嚟，等於化妝應該結婚前落晒妝畀個老公睇，問佢收唔收貨先。

Lau：不過亦有認為，如果我呃你呃一世，咁咪即是無呃你囉！

Pang：咁又啱，唔知咪 ok 囉！

Lau：例如你講韓國、日本好多女仔係唔落妝。

Pang：瞓覺都照化妝？

Lau：佢哋好勤力，老公瞓咗佢先瞓，老公起身前已化好妝，咁呢世都唔知嘅。

Pang：嘩！咁咪好正！

Lau：佢哋嘅民族性真係咁，有啲唔同。

Crystal：我覺得同病一樣，如果有應該坦白從寬，尤其是係用美貌作工具結識你伴侶更應該要。

Pang：其實都唔怕講，現在都好開放，講咗仲舒服啦！大家互信多啲。

衰老的《厚黑學》

《厚黑學》為李宗吾於 1917 年所著書籍，他在書中闡述臉皮要厚而無形，心要黑而無色，這樣才能成為「英雄豪傑」，寓針砭於嘲諷。

先來一個例子以說明：

厚黑的醫生詭辯道，真正的醫學問題其實不多，很多人以為是醫學問題的問題，其實並不是醫學問題。例如，衰老不是一個醫學問題，純粹是一個數學問題，因為衰老無可避免，而且遲早發生。

不過事實上有些人的確會比較容易衰老，例如有些疾病如糖尿心衰、家族遺傳早衰，不良生活習慣如煙酒過多、睡眠不足、工作壓力大、經常曝曬、營養不良及過度減肥等等，數不勝數。

一旦先天不足、後天失調，就一定提早衰老。

但的確有些客觀的因素會有利於外貌保持青春，起碼視覺上較年青。例如：

1. 膚色較深的人種，較能抵禦紫外線的損害，皮膚膠原的質和量都會比膚色白的人種更好；

2. 皮膚及皮下組織較厚（肥），看上去會較年輕，例子是沈殿霞；

3. 而身體肌肉較厚，視覺上亦會覺得較年輕，例子是占士邦辛康納利。

簡單來説，如果一個人外表夠厚夠黑，就已比別人有更好的條件來對抗衰老了。相反，內心厚黑的民族，往往只是劣質的民族。

每個人終歸都會老，但願千萬不要衰；可以缺乏內在美，但起碼不要散發內在醜。

毛髮有眞相

現實上，大毛小毛其實都會困擾到人們。如果唔夠頭髮可以用咩方法呢？首先最緊要知道咩原因。

脫髮原因，男性最常見一定係遺傳，遺傳男性荷爾蒙嗰種性質嘅脫髮。最簡單，看看英國皇室就知道，他們非常富有，但查理斯皇帝和他的孩子脫髮都好犀利，佢哋肯定有很多錢，但都處理唔到，證明脫髮有時是大難題！

其他無咁犀利嘅脫髮，但同男性荷爾蒙有關嘅可以用藥物或者洗頭水。

食藥係最有效，當然佢都有副作用，有啲人因為抵受唔到副作用，例如會影響性功能，所以有啲人副作用出現時就唔用得，如果受得，治療成功率好高。

副作用唔係常見，但有一定嘅百分比，有時係心理作用，但真係會有啲人因為副作用而停藥。

植髮就係最後手段，我成日都講始終係手術，亦未必一定成功，又起碼都會係辛苦，因為要攞頭髮又要放落去，就算好順利都會辛苦，會痕癢一段時間。要諗清楚係咪值得先！

其實好大部分脫髮係自自然然會好返，例如產後脫髮及壓力好大嗰段時間、瞓得少，會大量脫髮，之後你唔理佢都會好返嘅。

脫髮的治理上有好多「水分」，即係商業成分。但醫學上是否可信，會要求雙盲測試，即係話佢甩啲頭髮係咪做個療程可以幫到佢先，還是咩都係等一輪都會冇事先，其實要好小心呢樣嘢，但係商業上變咗需求好大，因為好多人都唔敢唔試。

是否需要植髮，要睇下佢去到咩程度，因為要攞頭髮出嚟，可能會有併發症，每一樣手術都有可能，同埋你係咪嚴重到咁緊要，如你只係稍稀疏咁點解要做呢？所以要睇返咩程度搵返咩療程。

另一方面，太多毛都會影響外觀，咁如果係可以點處理呢？除咗脫毛蠟同剃毛的方法外，現在多數用光學脫毛。多數都係用激光，激光宜家好成熟，其實都無乜其他選擇，分別只係用唔同儀器同用咩波長。其實彩光已經比較少用，因為不大適合亞洲皮膚，因為風險高啲，皮膚有機會受損。某啲波長嘅激光已經好成熟，但我講係對亞洲人，如果外國人啲毛髮係金色嘅會好難脫，最好嘅係皮膚好白，毛髮好粗好深色的話，激光脫毛效果會好好嘅。

因為激光唔識分辨皮和毛，佢只係對付黑色素，所以如果皮膚和毛髮顏色深淺分別唔大，就好難安全有效地去做光學脫毛。

　　而且只打一次通常唔會全部無晒，一定要毛囊處於活躍期先可以殺到佢，毛髮有唔同既週期，但唔喺活躍期裏你打佢都冇用，所以你打完之後有一批會成功嘅，跟住要等一段時間，通常係一個月，剩下嗰啲到週期，你先再打咁先比較有效，起碼要做幾次先可以大範圍做到有效果。剩下的有啲頑固毛髮，就只好繼續做，激光始終安全有效。撞到啲頑固嘅毛囊，就要做多幾次。而且所謂永久脫毛，其實唔係永久嘅。嚴格嚟講，因為打完之後要好耐先知係咪仲唔夠，其實大部分毛髮減少已經係成功。呢方面個體差異好大。出返咪再做囉！最緊要係個 treatment 本身安全，我覺得呢個唔係好大問題，有需要咪再做補一補咁就搞掂。

做人處世一定要知道的三度生門

第一度：醫生門

　　生老病死，人之常情。但現實係，死亡唔會令你破產，亦唔會令你生不如死，但係疾病就會。所以每個人都應該一定要知道醫生度門喺邊，點去搵佢。亦要知出口度門喺邊，點樣閃，幾時閃。如果搞唔清，可以好好大鑊。

第二度：羅生門

　　一定要知任何每件事，每個人都可以有不同的説法，不同的解釋。尤其是沒有第三者在場，死無對證時，更是任佢講乜都得。這是人性，是不以人的意志為依歸的，所以我們凡事不要太天真。

　　知道有羅生門就夠了，萬一遇著，千萬不要動氣。

第三度：逃生門

　　凡事都要有最好準備，亦隨時要做好最壞打算，否則遲早無癮。例如，一定要知飛機的緊急出口喺邊，一定要識做 CPR，開公司要只開有限公司，結婚前先準備萬一離婚點算，開刀前先準備萬一醒唔返點算，等等。唔啱聽唔緊要，忠言逆耳，苦口良藥。

　　咱們這行業歷史悠久，從來都習慣了盡人事以聽天命的。

Lock down 日記之柏架山日遊

1. 林鄭末年陰曆三月十一日，解衣欲動，日照大地，欣然起行。念無與為樂者，遂至柏架山尋幽，相與涉足山澗。瀑下如積水空明，水中一網球，似藻荇交橫，蓋捉撲影也。何疫無愁？何處無天作？但少閒人如吾兩人者耳。

調寄蘇軾《記承天寺夜遊》。

2. 與友同遊「柏架小馬坑」有感：

終日昏昏醉夢間，

忽聞春盡強登山。

因過澗原逢曾話，

偷得浮生半日閒。

微寄李涉《題鶴林寺僧舍》：

終日昏昏醉夢間，

忽聞春盡強登山。

因過竹院逢僧話，

偷得浮生半日閒。

PS. 凡事改變越少越好，不要為改變而改變。

逝去的落賢

　　人生的路上每人都是遇人無數，有些人雖然相處時間不長，但每每令人印象深刻，而且自己受益良多。

　　最近在 Mxxx 公司的晚宴上遇到以前醫院同事李，話另一同事 X 已於一年多前肺癌焦咗。X 當年係我上級醫生，帶我幫我唔少，我一直心存感激；之後佢出咗私家，似乎撈得唔錯。但李透露，X 向來又煙又酒又爛滾，所以對其早逝不至於太意外；但偶像就是偶像，這無損我對他的敬仰。

　　昨晚難得和眾美女友人，在怡紅院火鍋聚餐，亦是又煙又酒又滾，讓我忽悠然想起 X。

　　幸福的定義，應該就是能以自己喜歡的方式生活吧。逝去的他無疑是幸福的，而我也希望能像以前一樣，向他好好學習。

　　當然，是想成為一位極出色的火鍋手。

小心上人

閱報，驚悉昔日故人獨彈古調，效蘇東坡遇上王朝雲。因不合時宜，誤陷泥沼。

故人向來正派，待人仁厚，行事勤勉，救人無數，在杏林極有成就。惟陰差陽錯，望其能隨遇而安。

世上榮華富貴，皆是春夢一場。古人早已有知之者，甚是老生常談。例如：

《被命南遷塗中寄定武同僚》

宋・蘇東坡

人事千頭及萬頭，得時何喜失時憂。

只知紫綬三公貴，不覺黃粱一夢遊。

《四遊記・東遊記・第一六回》
曾見萬古以來，江山有何常主，富貴有何定數？
轉眼異形，猶之黃粱一夢耳。

而古人陳潢先生的《黃粱》詩，所思反之而行，甚是出色：
富貴榮華五十秋
縱然一夢也風流
而今落拓邯鄲道
願與先生借枕頭

吾讀後更覺世事無常，榮辱疾轉，感受殊深。悟及時行樂之不過，遂改編之以抒懷：

　　富貴榮華五十秋

　　縱然一夢也風流

　　而今落拓寒單道

　　悔與雛姬借枕頭

　　PS. 2.0：凡事改變越少越好，不要為改變而改變。

三場誤會

1.

　　有一天，我在樹林裏迷了路，誤入了蘭若寺。聶小倩忽然出現，話同我無怨無仇，點解我要害樹妖們，間接也害到她無容身之所。

　　我答：「你咁索，我點會想害你啫，係咪有乜誤會？」她傷心的透露某天樹妖們忽然被紙廠的人所害，她跟蹤牠們的DNA，終於找上門。

　　我連忙解釋：「我都唔想㗎，控方用好多好多紙來告我，我被迫又要用好多好多紙去辯護。我都係而家先知，原來法治的『要旨』，就係『要紙』。」

　　「嗱嗱嗱，我好心提提你，佢哋唔死都死咗，你自己小心啲喇，如果『無醫無靠』，可以嚟搵我。」

　　但一眨眼間，靚女和樹林都消失了，我又回到了「石屎 + 磚頭森林」。好慘。

2.

　　話説一日，一個穿白袍的唐朝醉酒怪人，穿越時空，來到香港後被告上法庭。好心的法官不斷勸佢要有代表律師，話如果冇就好危險。怪人嚇到酒醒晒，面色蒼白，説：「我真係冇『代表律詩』喎，絕詩就有，得唔得？」

立即吟道：

床前明月光，

疑是地上霜，

舉頭望明月，

低頭思故鄉。

PS. 詩仙李白啲律詩，唔多掂，但絕句古詩一流。

3.

　　以前澳門考車牌，路試前要先考推車仔，即係在一個大型道路模型上，考生要用一支特製的推桿去推模型上面的一架模型車，沿著道路由起點至終點，中間預設有不同的路口及路面狀況。考生要一面推車仔，一面述說路面狀況及駕駛時會如何處理，例如幾時打燈轉波。是很人性化的考試方法，一直沿用多年。

　　有一次，一位由外地回澳門定居的大隻佬考車牌，由於他自恃已在外國有豐富駕駛經驗，所以沒有去駕駛學校上課就直接應考推車仔。考試的時候，他很快的推著車仔在模型路上行駛，照樣經過很多不同的路口。考官提示他，要沿途出聲至啱吖。他不明所指，很是迷惘。考官再說，要出聲呀，如果唔出聲就唔合格㗎啦。他滿頭大汗，只好一面推車仔，一面叫著：「呼呼，咕隆……」

　　據說不久之後，澳門考車牌就再沒有「推車仔」這項目了。可能因為，以後考試時考官會忍不住笑。

附記

　　在創作此書的途中，偶而在 YouTube 看到內地劇《人世間》的視頻及 MV。仰視央視神劇，感受殊深；而在俄烏戰爭及在現今世界有些戰雲的時期，令人更能體會何謂人世間的真正幸福。

　　容貌和人生的滄桑變化，面面俱是緣。如果，這段文字你剛巧看到了，就是咱們的緣分。

　　在此祝願各位有緣可以：

祝你踏過千重浪
能留在愛人的身旁

在媽媽老去的時光
聽她把兒時慢慢講

也祝你不忘少年樣
也無懼那白髮蒼蒼
若年華終將被遺忘，記得你我

THANK YOU

醫美人生　面面俱緣

作者：劉宏德醫生

設計：卷里工作室｜季曉彤

編輯：青森文化編輯組

出版：紅出版（青森文化）

地址：香港灣仔道 133 號卓凌中心 11 樓

出版計劃查詢電話：(852) 2540 7517

電郵：editor@red-publish.com

網址：http://www.red-publish.com

香港總經銷：聯合新零售（香港）有限公司

台灣總經銷：貿騰發賣股份有限公司

地址：新北市中和區立德街 136 號 6 樓

電話：(886) 2-8227-5988

網址：http://www.namode.com

出版日期：2023 年 11 月

ISBN：978-988-8868-05-6

上架建議：醫學／散文

定價：港幣 100 元正／新台幣 400 圓正